电力“反违章 防事故”手册

防火防爆、防中毒和窒息

北京中电方大科技股份有限公司 组编

编写人员

王军芳 金天寅 周大勇 高 攀 吴思雨 郭起行
李越冰 邵 波 邓畅宇 张春新 赵 蕾 吴桐国
王华倩 张泓铎 雷梓萌 李曙辉 张 禹 孙海龙
邓俊宇 雷梓淇 黄克勤 陈锦富 吴轶超

中国电力出版社
CHINA ELECTRIC POWER PRESS

内 容 提 要

《图说电力“反违章 防事故”手册》以漫画形式表现了电力企业生产过程中，由于《安规》执行不到位、安全措施不落实、反违章意识不强、人员作业行为不规范等原因导致的生产安全事故，用简洁明了的语言、幽默风趣的漫画，使读者在阅读的同时，生动直观地认知违章危害、深究违章原因、学习规范作业、强化反违章意识。

《图说电力“反违章 防事故”手册》分为六个分册。本书是《防火防爆、防中毒和窒息》分册，书中共列举了45个电力企业作业中的常见违章点。

本书适合电力生产一线人员学习使用，可作为电力工作者学习安全知识、了解安全规定、提高防范能力、强化反违章意识的学习材料，是电力企业开展“安全生产月”学习活动的理想用书。

图书在版编目（CIP）数据

图说电力“反违章 防事故”手册．防火防爆、防中毒和窒息 / 北京中电方大科技股份有限公司组编．— 北京：中国电力出版社，2023.5

ISBN 978-7-5198-7788-0

Ⅰ．①图… Ⅱ．①北… Ⅲ．①电力工业－安全生产－手册 Ⅳ．① TM08-62

中国国家版本馆 CIP 数据核字 (2023) 第 076832 号

出版发行：中国电力出版社
地　　址：北京市东城区北京站西街 19 号（邮政编码 100005）
网　　址：http://www.cepp.sgcc.com.cn
责任编辑：孙　芳（010-63412381）
责任校对：朱丽芳
装帧设计：沈阳红石榴文化传媒有限公司
责任印制：吴　迪

印　　刷：北京九天鸿程印刷有限责任公司
版　　次：2023 年 5 月第一版
印　　次：2023 年 5 月北京第一次印刷
开　　本：787 毫米 ×1092 毫米 24 开本
印　　张：4
字　　数：52 千字
印　　数：0001—2000 册
定　　价：40.00 元

前言

电力生产的客观规律和电力在国民经济中的特殊地位，决定了电力生产必须树立以人为本，坚持人民至上、生命至上的安全生产理念，坚持“安全第一、预防为主、综合治理”的安全生产方针。电力生产具有生产环节多、现场带电设备多、交叉作业多的特点。在电力企业，有95%以上的生产安全事故，是由违章引发的。因此，要有效地预防生产安全事故，就必须遏制违章。

为帮助广大电力生产相关人员提高对安全作业的重视，加深对反违章的理解，发挥事故案例警示教育在反违章工作中的作用，特编写《图说电力“反违章 防事故”手册》，丛书分为防车辆伤害，防触电，防火防爆、防中毒和窒息，防高处坠落，防起重伤害，防物体打击和机械伤害六个分册。

本书是《图说电力“反违章 防事故”手册》的《防火防爆、防中毒和窒息》分册，书中列举了45个常见违章点。针对每个违章点，列举一个违章案例，通过文字对违章表现进行描述，配以漫画对违章现场进行还原；对每个违章案例，提出了违章依据，配以漫画对规范作业现场进行展示。本书图文并茂，具有语言简洁明了、漫画生动直观的特点。所述违章案例贴近一线、结合实际、类型丰富，配图生动形象、如临现场，力图达到企业全员珍爱自己和他人的生命，自己不发生违章，又要及时纠正他人发生的违章，从源头上控制生产安全事故发生的目的。

由于编者水平有限，书中的疏漏和差错在所难免，欢迎各位读者批评指正。

编者

2023年4月

前言

目录

违章点 1 气瓶仓库安全标志不全、不规范

◎ 违章表现

气瓶仓库安全警告标志不全、已安装警告标志不规范。如缺少“重点防火部位”等标志、部分标志安装位置偏低等，不易引起人员注意，造成人员误动、误入以及其他不当行为，可能会诱发火灾、爆炸等事故，造成人身伤害、设备、设施损坏等严重后果。

◎ 违章现场

◎ 依据

《火力发电企业生产安全设施配置》（DL/T 1123）规定：安全标志牌应设置在明亮的环境中，设置高度尽量与人的眼睛视线高度相一致。悬挂或柱式安全信息标志牌的底端与地面的高度不宜小于2m。

◎ 规范作业

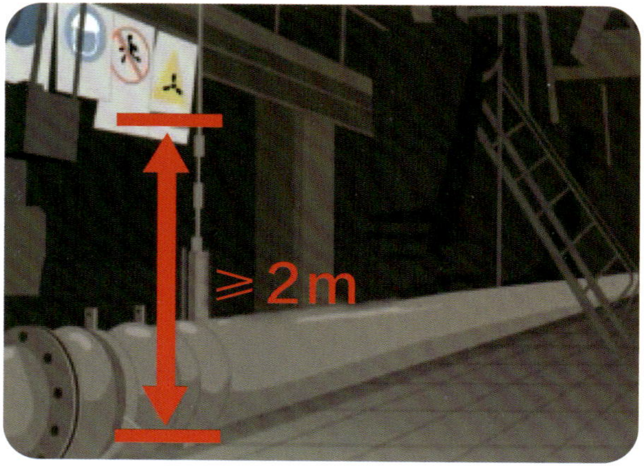

违章点 2 气瓶仓库设计不符合防火要求

◎ 违章表现

气瓶仓库未按照设计规范进行设计，仓库地点、玻璃、铁门、地面、通风等不符合防火要求，如：仓库地面不平坦，砸击发生火花，导致火灾事故。

◎ 违章现场

◎ 依据

《安规》规定：储存气瓶的仓库应具有耐火性能；门窗应向外开；装配的玻璃应用毛玻璃或涂以白色油漆；地面应该平坦不滑，撞击时不会发生火花。

◎ 规范作业

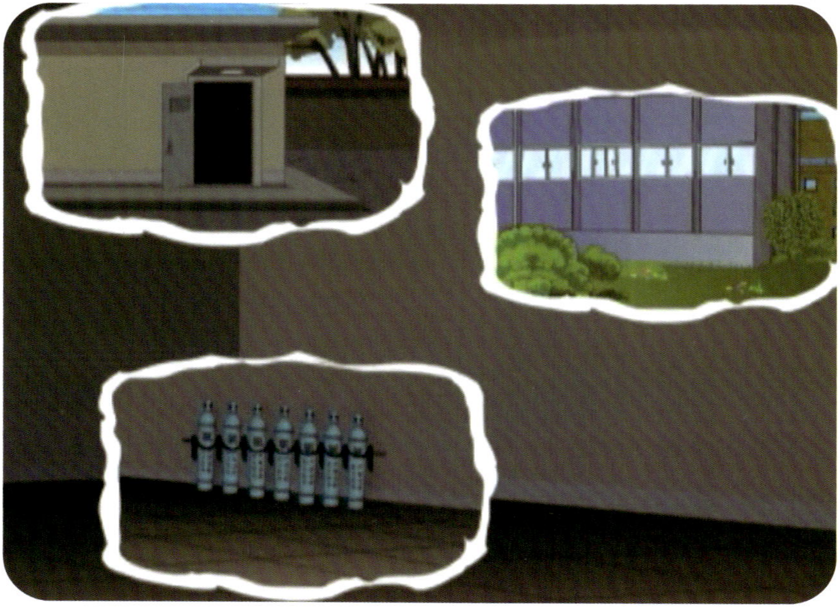

违章点 3 气瓶仓库内外存放杂物

◎ 违章表现

气瓶仓库内外存放架板等易燃物品或杂物，且在门外停放汽车，在引发或加重火灾后果的同时也影响救援。

◎ 违章现场

◎ 依据

《安规》规定：储存气瓶仓库周围10m距离以内，不准堆置可燃物品，不准进行锻造、焊接等明火工作，并禁止吸烟。

◎ 规范作业

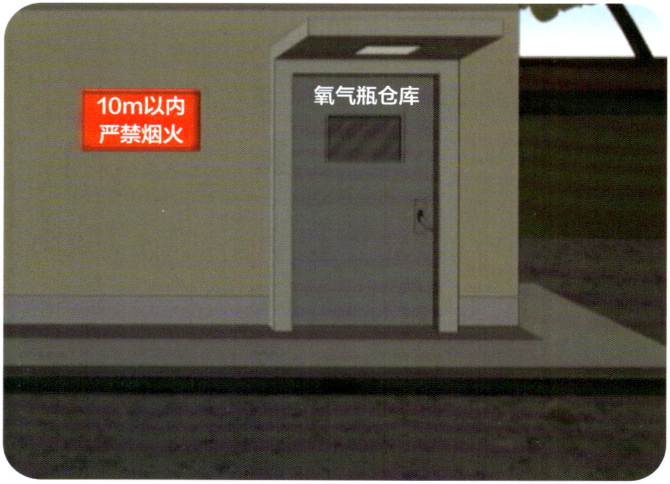

违章点 4 气瓶仓库中设取暖设施

◎ 违章表现

气瓶仓库中设取暖设施，使仓库内温度升高，造成气瓶温度升高、发生泄漏，在存在明火或静电火花等点火源的情况下，引发爆炸、火灾等事故。

◎ 违章现场

◎ 依据

《安规》规定：储存气瓶的仓库内不准有取暖设备。

◎ 规范作业

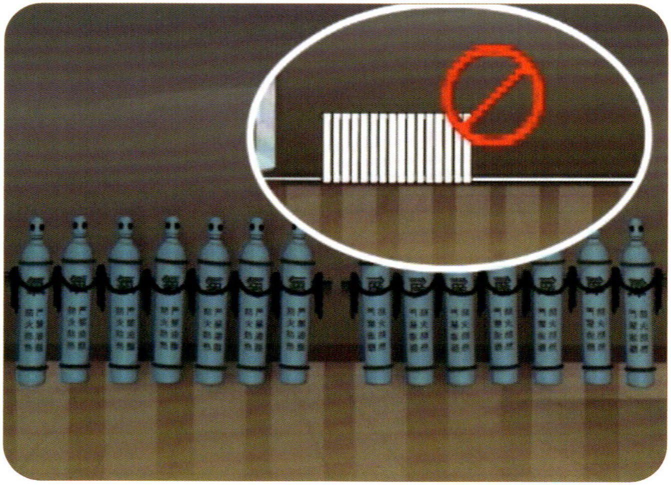

违章点 5 仓库内气瓶放置不规范

◎ 违章表现

仓库内气瓶放置不规范，未设立气瓶放置架子，气瓶易倾倒，进而造成气瓶损坏、气体泄漏、引发爆炸等。

◎ 违章现场

◎ 依据

《安规》规定：仓库内应设架子，使气瓶垂直立放，空的气瓶可以平放堆叠，但每一层都应垫有木质或金属质的型板，堆叠高度不准超过1.5m。

◎ 规范作业

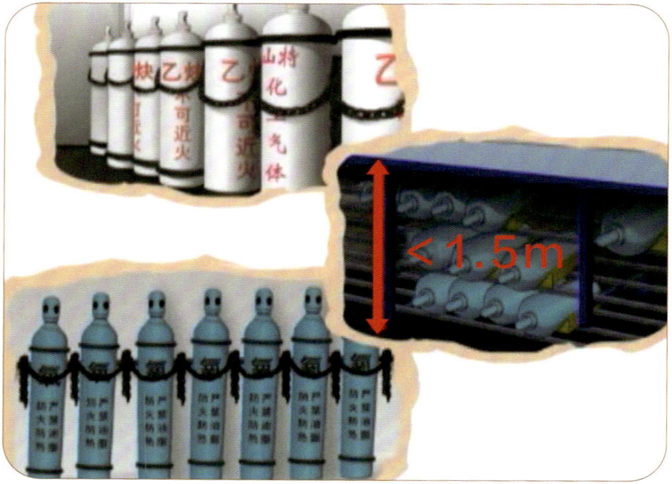

违章点 6 气瓶仓库内照明灯脱落

◎ 违章表现

气瓶仓库内照明灯、灯具脱落，电源线裸露，失去防爆功能，在异常情况下产生火花，一旦气瓶泄漏，将引发爆炸、火灾等。

◎ 违章现场

◎ 依据

《安规》规定：储存气瓶的仓库内，必须备有消防用具，并应采用防爆的照明，室内通风应良好。

◎ 规范作业

违章点 7 气瓶质量不合格

◎ 违章表现

气瓶不按照规定检验、无检验标志；色标脱落，易误用气瓶；气瓶无防震圈、保险帽等安全附件。在运输或使用过程中，若遭受撞击，可能发生泄漏，导致火灾、爆炸、人身伤害等事故。

◎ 违章现场

◎ 依据

《安规》规定：在接收气瓶时，应检查印在瓶上的试验日期及试验机构的鉴定合格证；禁止运送和使用没有防震胶圈和保险帽的气瓶；严禁使用没有减压器的氧气瓶和没有回火阀的溶解乙炔气瓶。

◎ 规范作业

《安规》规定：不论是已充气或空的气瓶，应将瓶颈上的保险帽和气门侧面连接头的螺帽盖盖好后才许运输。

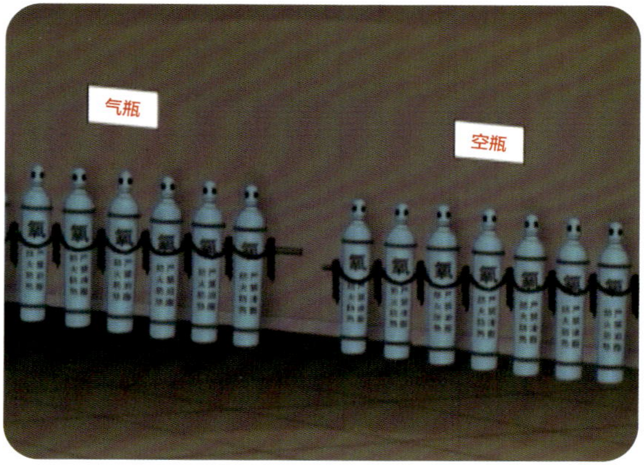

违章点 8 气瓶运输不符合规范

◎ 违章表现

气瓶运输中有不符合规范的行为：氧气、乙炔瓶混装，发生气体混合爆炸；气瓶纵向放置未固定，在运输过程中，由于颠簸、振动、紧急刹车或交通事故等异常情况，气瓶发生刮擦碰撞、保险帽脱落、瓶阀损坏等，造成气瓶泄漏，引起着火及爆炸等事故。

◎ 违章现场

◎ 依据

《安规》规定：

❶全部气瓶的气门都应朝向一面。

❷用汽车运输气瓶时，气瓶不准顺车厢内纵向放置，应横向放置。气瓶押运人员应坐在司机驾驶室内，不准坐在车厢内。

❸为防止气瓶在运输途中滚动，应将其可靠地固定住。

◎ 规范作业

《安规》规定：

❶用汽车、马车或铁道敞车运输气瓶时，应用帆布遮盖，以防止烈日曝晒。

❷不论是已充气或空的气瓶，应将瓶颈上的保险帽和气门侧面连接头的螺帽盖盖好后才许运输。

❸严禁把氧气瓶及乙炔瓶放在一起运送，也不准与易燃物品或装有可燃气体的容器一起运送。

违章点 9 运送氧气瓶时沾染了油脂、沥青等物质

◎ 违章表现

氧气瓶沾有油脂、沥青等物质，在发生气瓶泄漏或在开启氧气瓶阀时，油脂等物质在压力较高的纯氧环境中氧化速度加快，发生燃烧甚至引起爆炸。

◎ 违章现场

◎ 依据

《安规》规定：运送氧气瓶时，必须保证气瓶不致沾染油脂、沥青等物质。

◎ 规范作业

违章点 10 氧气瓶和乙炔气瓶混合存放

◎ 违章表现

氧气瓶和乙炔气瓶混合存放，乙炔或其他可燃气体泄漏出来与空气混合后，将形成可燃、可爆炸气体，遇到火源就会发生燃烧、爆炸。而氧气是助燃物质，如果泄漏出来，将会加大空气中的含氧量，加剧爆炸的后果。

◎ 违章现场

◎ 依据

《安规》规定：装有氧气的气瓶不准与乙炔气瓶或其他可燃气体的气瓶储存于同一个仓库。

◎ 规范作业

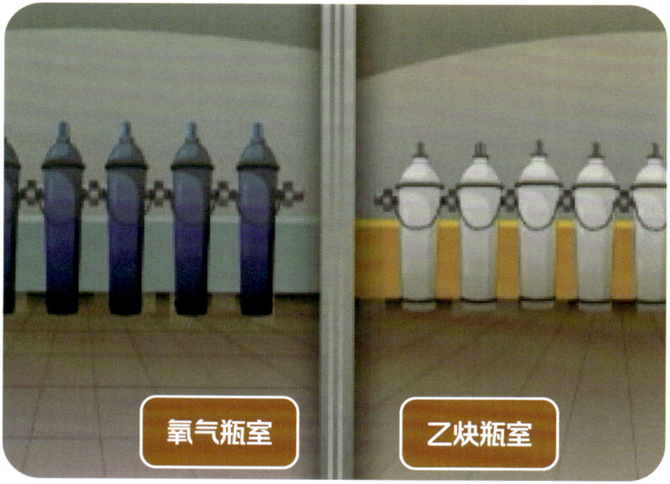

违章点 11 捆吊或混吊氧气瓶、乙炔瓶

◎ 违章表现

捆吊或混吊氧气瓶、乙炔瓶，发生气体混合爆炸事故，另外由于捆绑不牢或其他原因，也可能造成气瓶高处坠落，引起爆炸、火灾，甚至造成人身伤害。

◎ 违章现场

◎ 依据

《安规》规定：严禁把氧气瓶和乙炔瓶放在一起运送，也不准与易燃物品或装有可燃气体的容器一起运送。

《安规》规定：吊运有爆炸危险的物品（如压缩气瓶、强酸强碱、易燃性油类等），应制订专门的安全技术措施，并经主管生产的厂领导（或总工程师）批准。

◎ 规范作业

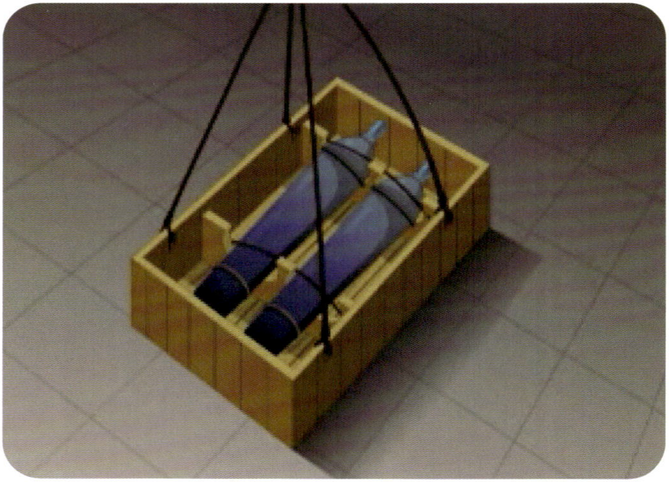

违章点 ⑫ 氧气瓶、乙炔气瓶安全距离不够

◎ 违章表现

氧气瓶、乙炔气瓶安全距离不够，在使用气瓶时，其引出管连接部分是泄漏的薄弱点，如果距离太近，在两个连接点同时发生泄漏时，降低爆炸极限，易在很短的时间和小范围内产生达到爆炸极限的混合气体，遇到点火源发生爆炸。

◎ 违章现场

◎ 依据

《安规》规定：使用中的氧气瓶和溶解乙炔气瓶应垂直放置并固定起来，氧气瓶和溶解乙炔气瓶的距离不得小于8m。

◎ 规范作业

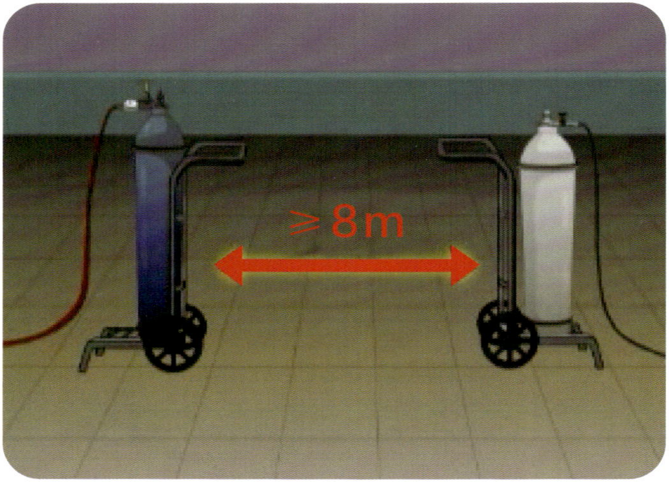

违章点 13 制氢站安全设施配置不全

◎ 违章表现

制氢站安全设施配置不全，无进入制氢站安全注意事项、无“禁止穿化纤服装”“重点防火部位”等标志牌，未设“火种箱”，造成人员误动、误入以及其他不当行为，可能会诱发火灾、爆炸、人身伤害等事故。

◎ 违章现场

◎ 依据

《火力发电企业生产安全设施配置》（DL/T 1123）规定：制氢站出入口应装设建筑物标志牌，入口醒目位置应装设“未经许可，不得入内”“禁止烟火”“禁止带火种”“禁止使用无线电通信”“禁止穿戴钉鞋”“禁止穿化纤衣服”禁止标志牌，“重点防火部位”文字标志牌，制氢站出入制度和带有“火种箱”标志的火种箱。

◎ 规范作业

违章点 14 氢站房门向内开

◎ 违章表现

氢站房门向内开，在紧急情况下，工作人员不便于迅速打开大门，无法脱离危急现场，而且在发生爆炸事故时不能泄压。

◎ 违章现场

◎ 依据

《安规》规定：制氢室和机组的供氢站应采用防爆型电气装置；门窗应有防止产生静电、火花的措施；门应向外开，室外还应装防雷装置。

◎ 规范作业

违章点 15 作业人员进入制氢站时未采取安全措施

◎ 违章表现

作业人员进入制氢站时未采取安全措施，进入制氢站的检修人员着装不符合要求，没有释放静电；没有上交手机、火种；运行人员也没交代安全注意事项和登记；人员产生静电火花或其他火源，在氢气泄漏的情况下，导致氢气爆炸等事故。

◎ 违章现场

◎ 依据

《安规》规定：禁止与工作无关的人员进入制氢室和氢罐区。因工作需要进入制氢站的人员应实行登记准入制度，所有进入制氢站的人员应关闭移动通信工具、严禁携带火种、禁止穿带铁钉的鞋、禁止穿化纤服装。进入制氢站前应先消除静电。

◎ 规范作业

《火力发电企业生产安全设施配置》（DL/T 1123）规定：制氢站入口门锁应使用碰撞时不产生火花的锁；入口处应装置静电释放器，并在其上悬挂“静电释放器”名称标志牌。

《安规》规定：禁止与工作无关的人员进入制氢室。

违章点 16 制氢站值班员工作服穿戴不规范

◎ 违章表现

制氢站值班员着装不规范，工作服不合身，袖子挽起，工作服是化纤材质，不仅容易产生静电火花，而且易燃，燃烧后会粘在皮肤上，加重烧伤程度。

◎ 违章现场

◎ 依据

《安规》规定：作业人员进入生产现场必须穿着合格的工作服，衣服和袖口必须扣好；工作服禁止使用尼龙、化纤或棉、化纤混纺的衣料制作，以防遇火燃烧加重烧伤程度。进行制氢设备的维护工作时，手和衣服不应沾有油脂。

◎ 规范作业

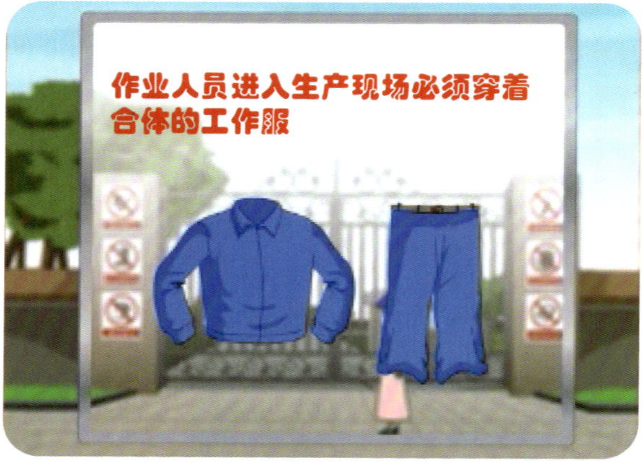

违章点 17 制氢站内临时电源及灯具不合格

◎ 违章表现

制氢站内临时电源及灯具不合格，临时电源的插座及灯具为非防爆型，且未采取防挤压电源线的措施，产生火花，成为点火源，造成事故。

◎ 违章现场

◎ 依据

《安规》规定：制氢室和机组的供氢站应采用防爆型电气装置，门窗应有防止产生静电、火花的措施。

◎ 规范作业

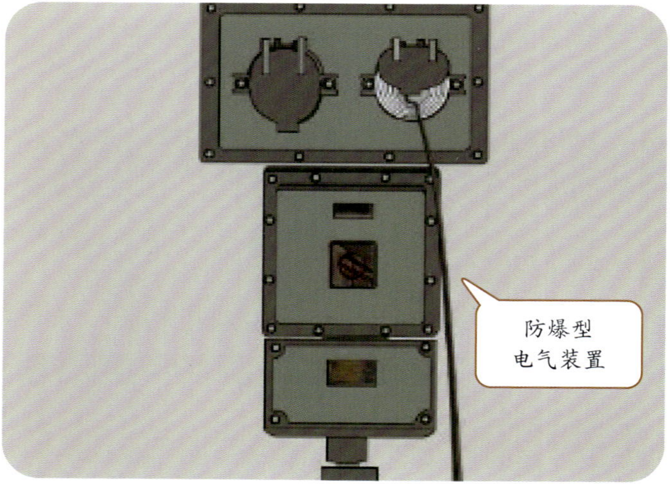

违章点 18 在制氢室使用工具不合格

◎ 违章表现

在制氢室使用普通钢制工具进行检修工作，易与铁件等碰撞产生火花，造成火灾、爆炸隐患。

◎ 违章现场

◎ 依据

《安规》规定：在发电机内充有氢气或在电解装置上进行检修工作时，应使用铜制的工具，以防发生火花；必须使用钢制工具时，应涂上黄油。

◎ 规范作业

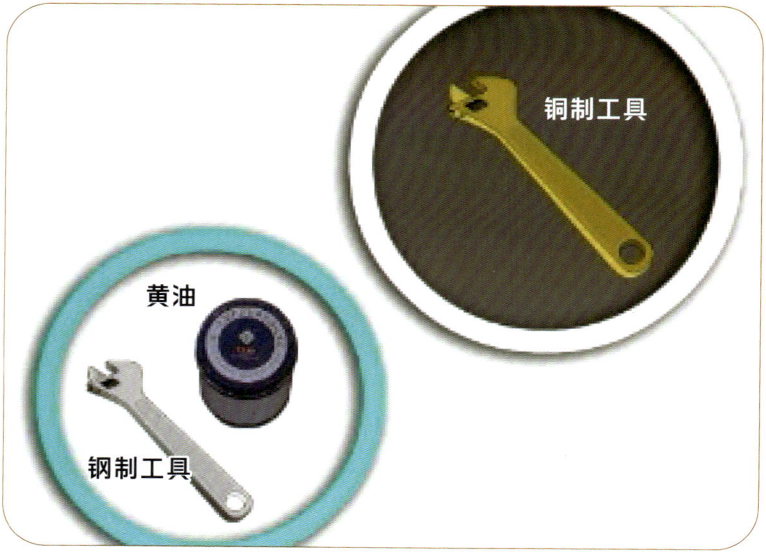

违章点 19 消防安全警告标志安装在门上

◎ 违章表现

消防安全警示安装在门上，门在开启后，不易引起人员注意，失去安全警示作用，造成人员误动、误入等不当行为，进而造成人身伤害、设备设施损坏等事故。

◎ 违章现场

◎ 依据

《火力发电企业生产安全设施配置》（DL/T 1123）规定：安全标志牌不应设在门、窗、架等可移动的物体上，以免这些物体位置移动后，看不见安全标志。安全标志牌前不应放置妨碍认读的障碍物。

◎ 规范作业

违章点 20 消防器材不合格、消防水压低

◎ 违章表现

消防器材不合格，存在：消防水压低、灭火器压力低、喷射管老化、油漆脱落、灭火器数量不足等情况，火灾时，延误灭火，造成事故扩大。

◎ 违章现场

◎ 依据

《电力设备典型消防规程》规定：室外消防给水管道的压力应保证当消防用水量达到最大且水枪布置在任何建筑物最高处时水枪充实水柱不得小于10m。

◎ 规范作业

《电力设备典型消防规程》规定：灭火器应放置在不受日照、火烤的地方，但又要注意防潮，防止剧烈震动和碰撞。要定期检查压力表，发现低于使用压力的9/10时，应重新充气。同时要定期检查质量，低于标明质量的9/10时，应重新灌药。

《安规》规定：油区内应有符合消防要求的消防设施，必须备有足够的消防器材，并经常处在完好的备用状态。

违章点 21 消防器材移作他用

◎ 违章表现

消防器材移作他用，火灾不能及时取用，延误灭火；消防器材不注意维护保养，造成器材失效，导致火灾时不能充分发挥作用。

◎ 违章现场

◎ 依据

《安规》规定：严禁将消防工具移作他用；严禁放置杂物妨碍消防设施、工具的使用。

◎ 规范作业

违章点 22 灭火器未定期检查

◎ 违章表现

灭火器未定期检查，积灰多、锈蚀严重；灭火器配置数量不足；放置处无“禁止阻塞线”标志，且附近存在杂物；在发生火灾时不能及时取用且不能保证灭火器可用。

◎ 违章现场

◎ 依据

《安规》规定：消防设施和防护装备应定期检查和试验，保证随时可用。

《电力设备典型消防规程》规定：单位应每日进行防火巡查，检查消防设施、器材情况；检查消防安全标志是否在位、完整；检查安全出口、疏散通道是否畅通。

◎ 规范作业

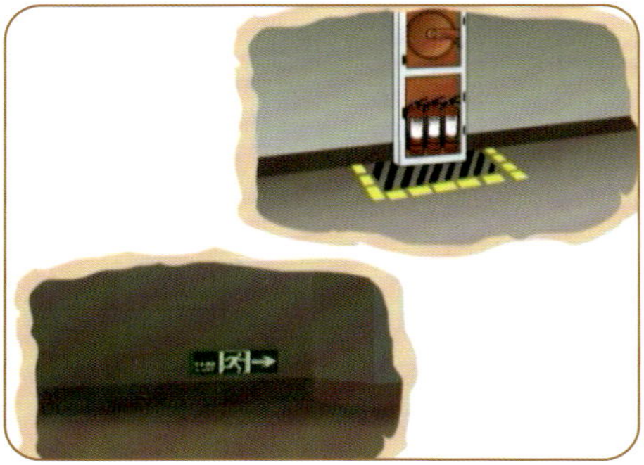

《安规》规定：生产区域应备有必要的消防设备，例如：消防栓、水龙带、灭火器、沙箱、石棉布和其他消防工具等。消防设备应定期检查和试验，保证随时可用。不准随意将消防工具移作他用。

违章点 23 一级动火作业时消防人员没到位

◎ 违章表现

一级动火作业时，消防、动火部门相关人员没到位，造成工作人员不能严格执行相关规定，发生火灾异常情况时，不能及时有效的组织处理。

◎ 违章现场

◎ 依据

《电力设备典型消防规程》规定：一级动火时，消防监护人、工作负责人、动火部门（车间）安监人员必须始终在现场监护。

◎ 规范作业

违章点 24 油区出入管理不符合规定

◎ 违章表现

油区出入管理不符合规定，油区的小门没有上锁，没有安全警示标志，导致人员随意出入油区，失去油区安全管理，带来安全隐患。

◎ 违章现场

◎ 依据

《安规》规定：必须制定燃油区出入管理制度。进入燃油区人员应进行登记，交出火种和随身携带的无线通信设备。在入口处，触摸消除人体静电装置去除静电。不得携带非防爆型手持式电气工具，不准穿钉有铁掌的鞋子和容易产生静电火花的化纤服装进入油区。

◎ 规范作业

违章点 25 随地倾倒废油

◎ 违章表现

随地倾倒废油，会污染环境，并易发生火灾事故。

◎ 违章现场

◎ 依据

《电力设备典型消防规程》规定：各类废油应倒入指定的容器内，并定期回收处理，严禁随意倾倒。

◎ 规范作业

违章点 26 油区管道法兰未采用金属导体跨接

◎ 违章表现

油类物品在管道内流动时，易产生静电积累，法兰连接之间有绝缘的垫料层，不采取法兰盘之间用金属导体跨接技术措施，一些静电就没法通过管道接地流入大地，时间长了，就会产生电荷积累放电，产生静电火花，引发管道周围积聚的油气爆炸。

◎ 违章现场

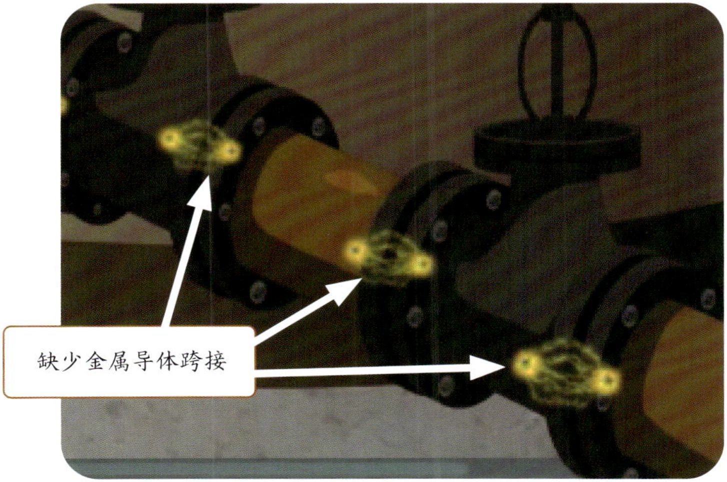

◎ 依据

《安规》规定：卸油区及油罐区必须有避雷装置和接地装置；油罐接地线应单独装设；油管道法兰应用金属导体跨接牢固。

◎ 规范作业

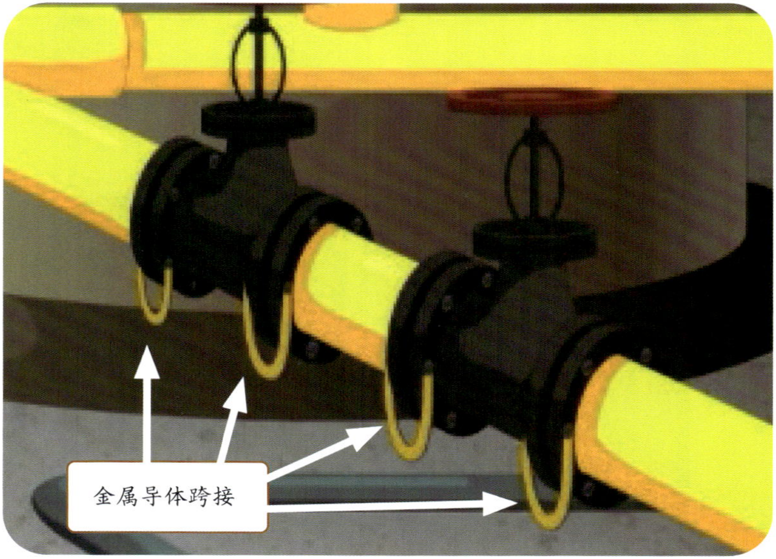

违章点 27 油泵房内未使用防爆型电气设备

◎ 违章表现

油泵房内未使用防爆型电气设备、机械通风设备，未使用防爆型开关，在电气设备操作过程中产生火花，引发火灾及爆炸事故。

◎ 违章现场

◎ 依据

《安规》规定：油区的一切电气、通信设施（如开关、隔离开关、照明灯、电动机、电铃、电话、自起动仪表接点等）均应为防爆型。

◎ 规范作业

违章点 28 焊接时搭接焊机接地线

◎ 违章表现

焊接时搭接焊机接地线，使接地连接不牢固，产生火花，引发火灾事故。

◎ 违章现场

◎ 依据

《安规》规定：在油区进行电、火焊作业时，电、火焊设备均应停放在指定地点。不准使用漏电、漏气的设备。

相线和接地线均应完整、牢固，禁止用铁棒等物代替接地线和固定接地点。

◎ 规范作业

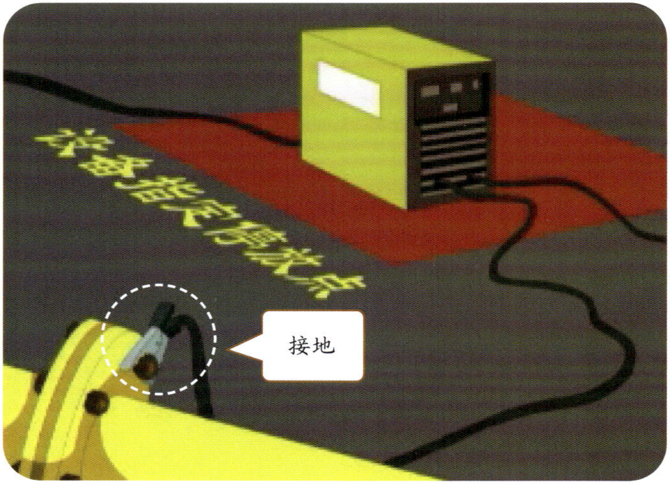

违章点 29 焊接切割工作前，未清理周围易燃物

◎ 违章表现

焊接切割工作前，未清理周围易燃物，焊接产生的火花飞溅，若易燃易爆物品离得太近，引发易燃易爆物品着火。

◎ 违章现场

◎ 依据

《安规》规定：禁止在储有易燃易爆物品的房间内进行焊接。在易燃易爆材料附近进行焊接时，其最小水平距离不得小于5m，并根据现场情况，采取安全可靠的措施（用围屏或石棉布遮盖）。

◎ 规范作业

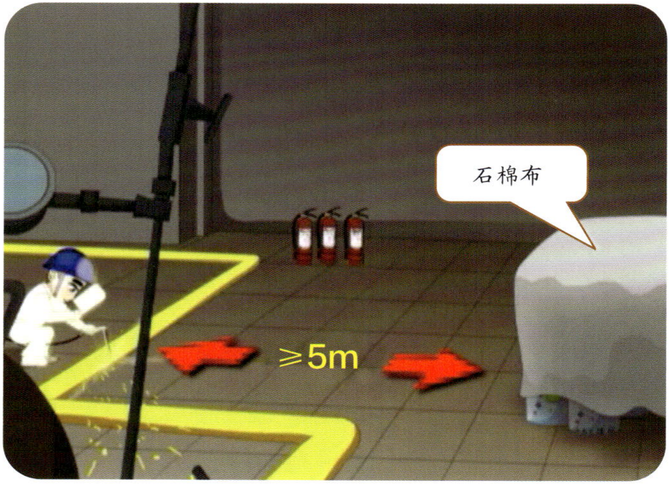

违章点30 焊工未按规定正确着装

◎ 违章表现

焊工在焊接作业不正确着装，会遭受辐射伤害，并引起烧伤、烫伤事故。

◎ 违章现场

◎ 依据

《焊接与切割安全》（GB 9448）规定：棉帆布工作服广泛用于一般焊接、切割工作，工作服颜色为白色。推荐选用面上有一种阻燃布的白色工作服。

《安规》规定：焊工应穿帆布工作服，戴工作帽，上衣不准扎在裤子里。口袋须有遮盖，脚面应有鞋罩，以免焊接时被烧伤。

◎ 规范作业

违章点 31 动火工作结束后，未清理现场

◎ 违章表现

动火工作结束后，未清理现场遗留的火种，引燃其他的可燃物质，造成火灾事故。

◎ 违章现场

◎ 依据

《安规》规定：进行焊接工作时，必须设有防止金属熔渣飞溅、掉落引起火灾的措施以及防止烫伤、触电、爆炸等措施。焊接人员离开现场前，必须进行检查，现场应无火种留下。

◎ 规范作业

《电力设备典型消防规程》规定：工作间断或结束时应清理和检查现场，消除火灾隐患。

违章点 32 点燃焊枪时离乙炔瓶太近

◎ 违章表现

在使用气瓶进行焊接作业时，其引出管连接部分是泄漏的薄弱点，如果乙炔瓶发生泄漏，点燃焊枪时，距离乙炔瓶太近，可能引起气瓶着火，甚至导致气瓶爆炸。

◎ 违章现场

◎ 依据

《安规》规定：焊枪在点火前，应检查其连接处的严密性及其嘴子有无堵塞现象，禁止在着火的情况下疏通气焊嘴。

◎ 规范作业

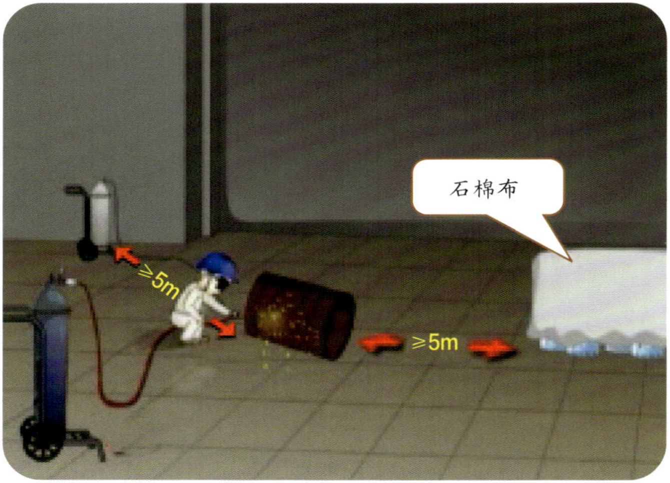

违章点 33 锅炉水压试验时，在承压部件上紧螺栓

◎ 违章表现

锅炉水压试验时，在承压部件上紧螺栓，锅炉水压试验，其目的是检验承压部件有无泄漏等缺陷，如果存在缺陷，在进行升压过程中可能会发生泄漏，甚至是爆破，如果附近有人员，可能会造成人员伤害。在承压部件上工作本身也可能会造成泄漏，引起事故。

◎ 违章现场

◎ 依据

《安规》规定：在锅炉水压试验的升压过程中，应停止锅炉本体内外一切检修工作。工作负责人在升压前须检查炉内各部是否有其他工作人员，并通知他们暂时离开，然后才开始升压。

◎ 规范作业

违章点 34 锅炉点火期间，在承压部件上进行焊接工作

◎ 违章表现

锅炉点火期间，在承压部件上进行焊接工作，高压管道施焊时，钢材受热，耐压降低，容易造成管道泄漏，介质喷出伤人。

◎ 违章现场

◎ 依据

《安规》规定：禁止在带压运行下进行捻缝、焊接、紧螺丝等工作。

◎ 规范作业

违章点 35 观察炉内燃烧方法不正确

◎ 违章表现

观察炉内燃烧方法不正确，锅炉巡视人员正对看火门观察炉内燃烧情况，且未戴符合要求的眼镜，锅炉内燃烧不稳，炉膛内发生正压，火焰喷出，造成人员烧伤事故。

◎ 违章现场

◎ 依据

《安规》规定：观察锅炉燃烧情况时，须戴防护眼镜或用有色玻璃遮着眼睛。在锅炉升火期间或燃烧不稳时，不可站在看火门、检查门或喷燃器检查孔的正对面。

◎ 规范作业

违章点 36 用汽油擦洗设备或在工作场所存放汽油

◎ 违章表现

用汽油擦洗设备，引起汽油着火燃烧，造成火灾。而且，人员长期接触汽油，可能造成铅中毒，危害作业人员身体健康。

工作场所没有易燃品防火措施，汽油放在办公场所内，造成火灾。

◎ 违章现场

◎ 依据

《电力设备典型消防规程》规定：不宜用汽油洗刷机件和设备。不宜用汽油、煤油洗手。

《安规》规定：禁止在工作场所储存易燃物品，例如：汽油、煤油、酒精等。运行中所需少量的润滑油和日常需用的油壶、油枪，必须存放在指定地点的储藏室内。

◎ 规范作业

违章点 37 焊接作业没有采取防火安全措施，且违章进行交叉作业

◎ 违章表现

焊接作业没有采取防火安全措施，且违章进行交叉作业，焊接过程中，高温焊接熔渣会四处飞落，现场存在使用易燃物品的交叉作业，温度很高的焊渣如掉到可燃物或易燃易爆物品上，就会发生火灾或爆炸。

◎ 违章现场

◎ 依据

《安规》规定：进行焊接工作时，必须设有防止金属熔渣飞溅、掉落引起火灾的措施以及防止烫伤、触电、爆炸等措施。焊接人员离开现场前，必须进行检查，现场应无火种留下。

◎ 规范作业

违章点38 进入油罐前，未进行清理、通风和有害气体浓度检测

◎ 违章表现

人员进入油罐前，在没有进行浓度检测、没有进行通风、没有进行有害气体浓度检测的情况下，会造成中毒、窒息等事故。工作负责人在明知容器内有毒气体超标的情况，没有采取任何措施，再次命令作业人员进入容器，属于严重的指挥性违章。

◎ 违章现场

◎ 依据

《安规》规定：若容器或槽箱内存在有害气体或存在有可能产生有害气体的残留物质，须先进行通风，把有害气体或可能产生有害气体的物质了解清楚后，再进行有害气体、含氧量的测量。氧气浓度保持在19.5%~21%，工作人员方可进内工作。

◎ 规范作业

《安规》规定：怀疑可能存在有害气体时，应立即将人员撤离现场，转移到通风良好处休息。

违章点 39 进入阀门井未进行气体检测和通风

◎ 违章表现

进入阀门井未进行气体检测和通风，阀门井内存在有害气体或者缺氧，引发人员窒息，严重时导致人员死亡。

◎ 违章现场

◎ 依据

《安规》规定：没有得到运行值班负责人许可时，禁止进入电缆沟、疏水沟、下水道和井下等处工作。在开始工作以前，工作负责人必须检查这些地点是否安全，通风是否良好，并检查有无可燃、有害气体存在及是否缺氧（应用小动物、仪器或矿灯检查，不准用明火检查）。当发生危险时，应防止不当施救。

◎ 规范作业

违章点 40 在沟道或井下进行工作时未系安全带

◎ 违章表现

在沟道或井下进行工作时未系安全带，发生不安全事件不易施救，甚至施救不当，造成事故扩大。

◎ 违章现场

◎ 依据

《安规》规定：在沟道或井下进行工作时，地面上须有一人担任监护。进入沟道或井下的工作人员须戴安全帽、使用安全带，安全带的绳子应绑在地面牢固的物体上，并由监护人监视。

◎ 规范作业

违章点 41 现场人员施救方式不当

◎ 违章表现

现场人员施救方式不当。施救者未采取任何个人防护用品，进入阀门井施救，从而造成事故扩大。

◎ 违章现场

◎ 依据

《安规》规定：怀疑可能存在有害气体时，应立即将人员撤离现场，转移到通风良好处休息。抢救人员进入险区必须戴防毒面具（必要时戴正压式呼吸器或长管呼吸器）和系上安全带，并应另有其他人员在上面作监护。

◎ 规范作业

违章点 42 化验人员在化验室内用餐

◎ 违章表现

化验人员在化验室内用餐，化验室药品管理不善等原因会造成污染食品，影响人员健康，甚至中毒。

◎ 违章现场

◎ 依据

《安规》规定：禁止将药品放在饮食器皿内，也不准将食品和食具放在化验室内。工作人员在饭前和工作后要洗手。

◎ 规范作业

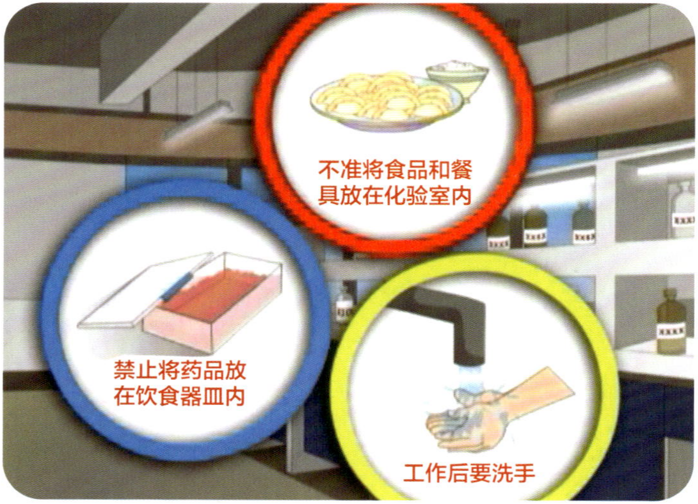

违章点 43 化验作业场所未采取通风措施

◎ 违章表现

化验作业场所未采取通风措施，因药品挥发、化验场所通风不畅，对化验操作人员产生职业健康危害。

◎ 违章现场

◎ 依据

《安规》规定：对有挥发性的药品亦应存放在专门的柜内。使用这类药品时要特别小心，必要时要戴口罩、防护眼镜及橡胶手套；操作时必须在通风柜内或通风良好的地方进行，并应远离火源；接触过的器皿应彻底清洗。

◎ 规范作业

违章点44 化验人员未使用专用防护用品

◎ 违章表现

化验人员未使用专用防护用品，遇浓酸或强碱性药品，造成人员化学品伤害。

◎ 违章现场

◎ 依据

《安规》规定：搬运和使用浓酸或强碱性药品的工作人员，应熟悉药品的性质和操作方法，并根据工作需要戴口罩、橡胶手套及防护眼镜，穿橡胶围裙及长筒胶靴（裤脚须放在靴外）。

◎ 规范作业

违章点 45 药品瓶无标签或正对瓶口用鼻嗅的方法来鉴别药品

◎ 违章表现

药品瓶或试管无标签，易误用试剂，造成试验结果错误，严重时可能会因化学反应而发生爆炸；用口尝和正对瓶口用鼻嗅的方法来鉴别药品，可能会发生中毒。

正对瓶口用鼻子嗅的方法来鉴别药品，对于挥发性较强的化学品，会将大量的化学品吸入体内，对人员健康造成伤害。

◎ 违章现场

◎ 依据

《安规》规定：每个装有药品的瓶子上均应贴上明显的标签，并分类存放。禁止使用没有标签的药品。

《安规》规定：禁止用口尝和正对瓶口用鼻嗅的方法来鉴别性质不明的药品，需要鉴别时，可以用手在容器上轻轻扇动，在稍远的地方去嗅发散出来的气味。

◎ 规范作业

扫码看课程